U0595387

〔宋〕佚名 绘
陈柱 要义

孝经图说

浙江人民美术出版社

出版说明

　　"孝"是中华民族优良传统的重要组成部分，其思想源头可以追溯到先民文化发源之时，其核心价值体现在编订于秦汉时期的《孝经》中。《孝经》一书传统上认为系曾子所著，学界现在一般认为该书为先秦儒者编纂而成。

　　《孝经》共十八章，全篇以孝为中心，比较集中地阐发了儒家的伦理思想。它肯定"孝"是上天所定的规范，"夫孝，天之经也，地之义也，人之行也"。书中指出，孝是诸德之本，"人之行，莫大于孝"，国君可以用孝治理国家，臣民能够用孝立身理家，保持福禄。《孝经》在中国伦理思想中将孝亲与忠君联系起来，认为　"忠"是"孝"的发展和扩大，并把"孝"的社会作用绝对化神秘化，认为"孝悌之至"就能够"通于神明，光于四海，无所不通"。

　　《孝经》对实行"孝"的要求和方法也作了系统而繁琐的规定。它主张把"孝"贯穿于人的一切行为之中，"身体发肤，受之父母，不敢毁伤"，是孝之始；"立身行道，扬名于后世，以显父母"，是孝之终。它把维护宗法等级关系与为封建专制君主服务联系起来，主张"孝"要"始于事亲，中于事君，终于立身"，并按照父亲的生老病死等生命过程，提出"孝"的具体要求，还根据天子至于庶人的等级差别规定了行孝的不同内容及各自的职分。

《孝经》一书在传统教育体系中具有重要地位，属于必读书目。今天对于何谓孝，何谓顺，普通读物往往语焉不详。至于在孝这一道德伦理制度体系下，国家与个人的分际，统治者与庶人的责任义务，似仍有必要加以推阐辨析，则阅读《孝经》仍有必要。此次出版文字部分系陈柱的《孝经要义》，乃以民国二十五年（1936）商务印书馆本为底本，并据所引各书加以校正。此外，为便读者从古人的情境描绘中研读理解孝文化的博大精深，特插入宋佚名绘《孝经图》，附录唐郑氏《女孝经》，需要说明的是《孝经》《女孝经》二书瑕瑜互见，读者诸君择善而从可矣。

艺文类聚国学馆
2016年2月

目 录

大　纲

一、《孝经》之传授

《史记·仲尼弟子列传》曰：曾参，南武城人。孔子以为能通孝道，故授之业。作《孝经》。

《汉书·艺文志》曰：《孝经》者，孔子为曾子陈孝道也。夫孝，天之经也，地之义也，民之行也。举大者言，故曰《孝经》。汉兴，长孙氏、博士江翁、少府后仓、谏大夫翼奉、安昌侯张禹传之，各自名家。经文皆同，唯孔子壁中古文为异。"父母生之，续莫大焉"，"故亲生之膝下"，诸家说不安处，古文字读皆异。

许冲《上说文书》曰：慎又学《孝经》孔氏古文说。《古文孝经》者，孝昭帝时鲁国三老所献，建武时给事中议郎卫宏所校，皆口传，官无其说，谨撰具一篇并上。

二、《孝经》今文之古

简朝亮《读书堂答问》：或问曰：《孝经》其古欤？答曰：《今文孝经》古矣。蔡邕《明堂论》引魏文侯《孝经传》曰：太学者，中学明堂之位也。《吕氏春秋·察微篇》引《孝经》诸侯章。此古之征也。其与《左传》或同，则古之公言，而述之也。昭十二年《左传》云：克己复礼，仁也。僖三十三年《左传》云：出门如宾，承事如祭，仁之则也。今《论语》皆述之，其例也。皆古也。今之《古文孝经》，非古也，伪也，邢《疏》详矣。邢《疏》与《隋志》《唐会要》略同。今文者今字也，古文者古篆也。

丁晏《孝经徵文自序》曰：《孝经徵文》何为而述也？为宋儒之疑《孝经》者述也。疑《孝经》几于非圣矣，余滋惧焉，故述《徵文》也。昔宋朱子作《刊误》一卷，删去"子曰"及引《诗》《书》之文，又谓"天经地义"、"进思尽忠，退思补过"等语，出于《左氏传》，为取他书窜入。然《太平御览·学部》引《孝经钩命诀》云：首仲尼以立情性，言子曰以开号，列曾子以示撰，辅《书》《诗》以合谋。纬书出于汉世，而其言如此，然则"子曰"及引《诗》《书》，皆《孝经》之本文，庸可删乎？汉匡衡称《大雅》"无念尔祖，聿修厥德"，孔子著之《孝经》首章，则篇中引《诗》，固孔子之旧也。河间献王引《孝经》"天之经，地之义"，汉初大儒实事求是如献王者，亦称此为《孝经》，则非袭他书文也。且《论语》一书"克己复礼"，左氏以为古志；"出门如宾，承事如祭"，左氏以为臼季之言，岂得谓《论语》捃摭左氏而作乎？盖丘明博闻，多采孔门精语，缀集成文，而后儒反疑圣经剿取左氏，必不然矣。《孝经》有古文，有今文，《古文孝经》孔氏不传，今所传古文皆赝本，其可信者独有《今文》而已。注《孝经》者莫古于魏文侯，传文侯受经于西河，为孔门之私淑；引《孝经》者莫先于吕不韦书，《吕览》在未焚书以前，已明著其篇目。据是二者，益可证《孝经》之由来古矣。余暇日浏览群书，断自两汉，录其征引《孝经》者，并搜集古注，各附句下，俾后之学者，知是书为汉以前所诵习讲授之书，而不出于后人之傅会。尊圣人之经，而息群儒之议，《徵文》之述，其亦不可以已也。

三、《孝经》古文经传之伪

简朝亮《读书堂答问》：梁应扬问曰：或言《孝经》之伪者何也？答曰：伪古文经也，伪孔安国传也。《汉书·艺文志》云：鲁共王坏孔子宅，而得《古文尚书》及

《礼记》《论语》《孝经》凡数十篇，皆古字也。孔安国悉得其书。而《志》言安国献之者，唯《古文尚书》，其后《古文孝经》则献之由三老焉。汉许冲为其父慎献《说文》而上书云：慎又学《孝经》孔氏古文说。《古文孝经》者，孝昭帝时鲁国三老所献，建武时给事中议郎卫宏所校，皆口传，官无其说，谨撰具一篇并上。今可考也。《汉志》云：《孝经》古文孔氏一篇。班固自注云：二十二章。颜师古注引刘向云：古文。庶人章分为二也，曾子敢问章为三，又多一章，凡二十二章。《汉志》云：《孝经》一篇。自注云：十八章。又《志》云：《长孙氏说》二篇，《江氏说》一篇，《翼氏说》一篇，《后氏说》一篇，《安昌侯说》一篇。故曰：汉兴，长孙氏、博士江翁、少府后仓、谏大夫翼奉、安昌侯张禹传之，各自名家。经文皆同，唯孔氏壁中古文为异。"父母生之，续莫大焉"，"故亲生之膝下"，诸家说不安处，古文字读皆异。颜注引桓谭《新论》云：《古孝经》，千八百七十二字，今异者四百余字。由是言之，《孝经》有孔氏古文，而无孔氏古文说也。非若今文传诸家说矣。邢《疏》引司马贞议古文者，犹谓安国作传，缘遭巫蛊，未之行也，何其不察于斯乎？盖司马说由王肃伪《家语》后序蚤欺之也。《隋书·经籍志》云：秦焚书，《孝经》为河间人颜芝所藏。汉初，芝子贞出之。《志》言今文也，即司马贞议称汉河间王所得颜芝本也。《隋志》云：《古文孝经》长有闺门章，孔安国为之传。又云：安国之本亡于梁乱。至隋，秘书监王劭于京访得孔传，送至河间刘炫。炫因序其得丧，讲于人间，渐闻朝廷，后遂著令与郑氏并立。儒者喧喧，皆云炫自作之，非孔旧本，而秘府又先无其书。此隋时《古文孝经》与孔传同出而皆伪也。自唐御注行，伪孔传久佚于五代以来矣。迨乾隆时日本伪孔传又随市舶而至也，此伪中之伪也。彼国掌书记山井鼎犹自疑之，今中国皆不售其伪矣。而《伪古文孝经》，则自司马氏光用之，至于朱子亦不去伪闺门章也。

四、《孝经》郑氏注

严可均《孝经郑氏注叙》曰：《孝经》郑氏注始见《晋中经簿》。江左中兴，《孝经》《论语》共立郑氏博士一人。齐、梁代郑氏注与古文孔安国传并立，而孔传本亡于梁乱。陈及周、齐唯立郑氏，隋王劭访得孔传本，刘炫为作述义，复与郑氏并立。儒者皆云炫自作之，非孔旧本。后百卅年唐明皇为御注，而郑氏注与孔传本渐微。宋元明不著录。乾隆中，歙鲍氏廷博始得日本国所刊孔传本于海舶，编入《知不足斋丛书》（盖即刘炫本也）。嘉庆初，我乡郑氏复得日本所刊魏徵《群书治要》，其中有《孝经》十七章，则郑氏注也。兼得彼国所刊郑氏注专行本，与《治要》同。《治要》于经注有删节，又无丧亲章，非全本。余观陆德明《经典释文》，《孝经》用郑氏注本，明皇御注亦用郑氏注甚多。元行冲等《正义》，逐条举出，云此用郑义。又遍观孔颖达《诗》《礼记》正义，贾公彦《仪礼》《周礼》疏，失名《公羊》疏，裴骃《史记集解》，刘昭《续汉志注补》，沈约《宋书》，萧子显《齐书》，刘肃《大唐新语》，王溥《唐会要》，甄鸾《五经算术》，虞世南原本《北堂书钞》，李善《文选注》，徐坚《初学记》，释慧苑《华严音义》，《白孔六帖》，李昉《太平御览》，乐史《太平寰宇记》，王应麟《玉海》，多引《孝经》郑氏注，汇而录之，以补《治要》之阙。注明出处，以备覆查，考核异同，酌加按语，不敢臆改，尚阙数十百字，无从校补。盖至是而《孝经》

郑氏注亡而复存，九百年来晦极终显，非刘炫古文所可同日而道矣。宜登之秘府，颁学官，刊行以传百世。

五、《孝经》为"六经"之本

黄道周曰：《孝经》者道德之渊源，治化之纲领也。"六经"之本，皆出《孝经》，而《小戴》四十九篇，《大戴》三十六篇，《仪礼》十七篇，皆为《孝经》疏义。盖当时师、偃、商、参之徒，习观夫子之行事，诵其遗言，尊闻行知，萃为《礼》论。而其至要所在，备于《孝经》。观《戴记》所称"君子之教也"及"送终时思"之类，多绎《孝经》者，盖孝为教本，礼所由生，语孝必本敬，本敬则礼从此起，非必《礼记》初为《孝经》之传注也。臣绎《孝经》微义有五，著义十二。微义五者：因性明教，一也；追文反质，二也；贵道德而贱兵刑，三也；定辟异端，四也；韦布而享祀，五也。此五者，皆先圣所未著，而夫子独著之，其文甚微。十二著义者：郊庙、明堂、释奠、齿胄、养老、耕藉、冠、昏、朝聘、丧、祭、乡饮酒等是也。著是十七者以治天下，选士不与焉，而士出其中矣。

六、《孝经》与《论语》并重

阮元《石刻孝经论语记》曰："六经"皆周、鲁所遗古典，而孔子述之，传于后世。孔子集古帝王圣贤之学之大成，而为孔子之学。孔子之学于何书见之最为醇备欤？则《孝经》《论语》是也。《孝经》《论语》之学，穷极性与天道，而不涉于虚；推极帝王治法，而皆用乎中；详论子臣弟友之庸行，而皆为于实，所以周秦以来，子家各流皆不能及，而为万世之极则也。《孝经》《论语》皆孔门弟子所撰，而弟子之首推者，曰颜，曰曾。颜子之学曰："夫子循循然善诱人，博我以文，约我以礼。"故曰："一日克己复礼，天下归仁焉。""非礼勿视，非礼勿听，非礼勿言，非礼勿动"，礼者何？朝觐聘射，冠昏丧祭，凡子臣弟友之庸行，帝王治法，性与天道，皆在其中。《诗》《书》即文也，礼也；《易象》《春秋》亦文也，礼也。其余言存乎《大学》《中庸》诸篇。《大学》《中庸》所由载入礼经者此。其事皆归实践，非高言顿悟所可掩袭而得者也。曾子之学，孔子曰："吾道一以贯之。"曾子曰："夫子之道，忠恕而已矣。"忠恕者，子臣弟友，自天子至于庶人之实政实行。故曾子曰："忠者，其孝之本欤！"《孝经》之学，兼乎君卿士庶，以及天下国家。《曾子十篇》皆由此出。其实皆尽人所同之庸行，忠恕而已。故孔子曰："忠恕违道不远。""君子之道四，某未能一焉。"所谓"一贯"者，贯者行也，事也，言壹是皆身体力行见诸实行实事也。初非有独传之心，顿悟之道也。贯之训行事，见于《尔雅》《汉书》，与"仍旧贯"无二解也。若谓性道之学必积久之后而顿悟通之，则孔子十五志学以后，学与年进，未闻有不悟之时，亦未闻有顿悟之日也。颜、曾所学于孔子者如此，其余诸贤可以类推之。然则集古圣大成之道者，莫如孔子；传孔子之道最近而无偏无弊者，莫如诸贤；孔子诸贤之言，所载之书，莫如《孝经》《论语》。然则今之《孝经》《论语》，儒者终身学之不尽，太极之有无，良知之是非，何暇论之！

七、《孝经》之学在明顺逆

阮元《释顺》曰：有古人不甚称说之字，而后人标而论之者；有古人最称说之恒言要义，而后人置之不讲者。孔子生春秋时，志在《春秋》，行在《孝经》，其称至德要道之于天下也，不曰"治天下"，不曰"平天下"，但曰"顺天下"。"顺"之时义大矣哉，何后人置之不讲也！《孝经》"顺"字凡十见。"顺"与"逆"相反，《孝经》之所以推孝悌以治天下者，顺而已。故曰："先王有至德要道以顺天下，民用和睦，上下无怨。"又曰："夫孝，天之经也，地之义也，民之行也。天地之经，而民是则之。则天之明，因地之利，以顺天下。"又曰："教民礼顺，莫善于悌。"又曰："非至德，其孰能顺民其如此大者乎！"是以卿大夫、士本孝悌忠敬以立身处世，故能保其禄位，守其宗庙；反是，犯上作乱，身亡祀绝。《春秋》之权，所以制天下者，顺逆间耳，鲁臧、齐庆皆逆者也。此非但孔子之恒言也，列国贤卿大夫莫不以顺逆二字为至德要道。是以《春秋》三传、《国语》之称"顺"字者最多，皆孔子《孝经》之义也。不第此也，《易》之"坤"为顺也。《易》之称"顺"者最多，亦孔子《孝经》《春秋》之义也。《诗》之称"顺"者最多，亦孔子《孝经》《春秋》之义也。《礼》之称"顺"者最多，亦孔子《孝经》《春秋》之义。圣人治天下万世，不别立法术，但以天下人情顺逆叙而行之而已，故孔子但曰"至德要道以顺天下"也。"顺"字为圣经最要之字，曷可不标而论之也。

八、《孝经》之学在培养生机

唐蔚芝先生《孝经新读本叙》曰：《礼记·中庸篇》曰："立天下之大本。"大本者何？孝是也。又曰："中也者天下之大本。"中者何？喜怒哀乐之未发见也。喜怒哀乐之未发，蔼然恻怛缠绵不可解而已。斯人所以生之机也。故孟子曰："乐则生矣。生则恶可已也，恶可已，则不知足之蹈之手之舞之。"人子之于父母，系于恻怛缠绵不可解之天性。故家庭之间，一爱情而已矣，一和气而已矣。和于家庭而后能和于社会，和于社会而后能和于政治，和于政治而后能和于光天之下，至于海隅苍生。人情莫不乐生，君子本此恻怛缠绵不可解之性，扩而充之于万民，于是爱情结，和气滋，生机日畅，而千古之人道乃不至于灭息。此孝道之大，所以"推诸东海而准，推诸西海而准，推诸南海北海而准"也。孔子曰：我志在《春秋》，行在《孝经》。《孝经》《春秋》相为表里，《春秋》谋伐天下之乱臣贼子，《孝经》培养天下之忠臣孝子。甚哉孝道之大也！有子曰："其为人也孝悌，而好犯上者，鲜矣。不好犯上，而好作乱者，未之有也。"犯上作乱，杀机也。近世人士，动言爱情，而杀机反日盛者，何也？彼以为吾国民于家庭中，性情过厚，若移而之他，则国可以治。庸讵知末未厚而本已拨，此杀机所以日出而不穷也。夫杀机多则生机室，生机室而人道灭，于是造物遂以草薙禽狝者待之，呜呼，恫斯甚焉！夫人芸芸，畴无天性，而乃日嚚日薄日恣睢日残忍者，岂非以家庭之际，非孝无法，先有丧失其本真者乎？曾子之言曰："物有本末，事有终始。"又曰："自天子至于庶人，孝无终始，而患不及者，未之有也。"然则经纶天下者可以知大本所在矣。

近立身行道揚名於後世以顯父母孝之終也夫孝始於事親中於
事君終於立身不愛其親而愛他人者謂之悖德
無念爾祖聿脩厥德

开宗明义章第一

简朝亮曰：《汉志》言《孝经》十八章，不列章名。今邢《疏》本皆别而名之。陆氏德明《释文》从郑氏本既如此焉。今从之者，以章名无违于经，而小学易知也。《孝经》则由小学而通于大学之书也。

仲尼居，曾子侍。子曰[①]："先王有至德要道[②]，以顺天下[③]，民用和睦，上下无怨，汝知之乎？"

①简朝亮曰：仲尼，孔子字也。称字，尊之也，著其为师之师也。曾子，孔子弟子。子者丈夫之美称，美其不负所生也。曾子门人称其师曰曾子，而仲尼则曾子师也，故亦称曰子。

柱按，《史记·仲尼弟子列传》曰：孔子以曾参为能通乎孝道，故授之业，作《孝经》。《汉书·艺文志》曰：《孝经》者，孔子为曾子陈孝道也。是汉儒皆以《孝经》为孔子所陈，而曾子书之者也。故陶渊明《五孝传》

曰：至德要道，莫大于孝。是以曾参受而书之，游、夏之徒，常咨禀焉。斯语可谓得其实。而简氏以为曾子门人记之者，以曾子不宜称孔子为仲尼，亦不宜自称曾子也。然吾以为古人著书，往往为传诵所改，不能尽据以为定论也。《中庸》为子思作，子思为孔子之孙，而云"仲尼祖述尧、舜"，则曾子称孔子之字亦未为不可也。《论语》，"闵子侍侧"，皇本作"闵子骞"；"冉子为其母请粟"，《史记》作"冉有"；"冉子退朝"，韩、李《笔解》作"冉有"，然则唐以前之旧本，固有与今本《论语》异者矣。盖《论语》中有记有子、曾子而不名者，则以其书为有子、曾子之门人所传诵，而以子易其名者也；有记闵子、冉子而不名者，则以其书为闵子、冉子之门人所传诵，而亦以子易其名者也。然则《孝经》之"曾子侍"，焉知其古之不为曾参侍乎？夫《论语》有称有子、曾子、闵子而不名者，则《论语》为有子、曾子、闵子之门人所记，《孝经》有称曾子而不名者，则《孝经》亦为曾子门人所记，何孔子直接受业之弟子，皆不能记孔子之言，必有待于再传之弟子乎？斯不尽然者矣。

②黄道周曰：顺天下者，顺其心而已，天下之心顺，

则天下皆顺矣。因心而立教谓之德，得其本则曰至德；因心而成治则曰道，得其本则曰要道。

③阮元曰：孔子生春秋时，志在《春秋》，行在《孝经》，其称至德要道之于天下也，不曰"治天下""平天下"，但曰"顺天下"。《孝经》"顺"字凡十见，"顺"与"逆"相反。《孝经》之所以推孝悌以治天下者，顺而已矣。

又云：圣人治天下万世，不别立法术，但以天下人情顺逆叙而行之而已。

唐先生曰：《孝经》一篇专言顺，《洪范》一篇专言叙，其理一也，皆治天下之书也。《中庸》言"君子之道，行远自迩，登高自卑"，下引《诗》曰"和乐且耽"，又引孔子之言曰"父母其顺矣乎"，可见君子行道，唯在于顺，率性修道，皆所以顺天下也。

曾子避席曰："参不敏，何足以知之？"子曰："夫孝，德之本也。教之所由生也①。

①唐先生曰：孝字从老省从子，盖生人至老而不失

其赤子之心，乃谓之孝。此虞舜之五十而慕，所以为至孝也。因孝而为之节文，于是有揖让拜跪，冠昏丧祭一切之礼生焉。故曰："教之所由生也。"

简朝亮曰：《中庸》曰"舜其大孝也与，德为圣人"，言至德也，故曰："苟不至德，至道不凝焉。"孟子云："尧舜之道，孝悌而已矣。"盖受其教者，孝则必悌，斯孝之道其要也。今以《书·尧典》言之，尧欲让天下于有德焉，而众举舜者，唯曰"父顽，母嚚，象傲，克谐以孝"，盖孝该友而言，则诸德皆该也，故曰："夫孝，德之本也。"及尧以司徒职试舜焉，遂曰"五典克从"，五典者，司徒五教也，孟子云"父子有亲，君臣有义，夫妇有别，长幼有序，朋友有信"是也。五教必先以"父子有亲"者，本乎孝也。舜身教以孝，则五典能从，而无违教也。故曰："教之所由生也。"

"复坐，吾语汝。身体发肤，受之父母，不敢毁伤，孝之始也①；立身行道，扬名于后世，以显父母，孝之终也。

①范祖禹曰："身体发肤，受于亲而爱之不敢忘，则不为不善以亏其体而辱其身，此所以为孝之始也。"立身者，自立其身也。身则受之父母，当有以有立也。《学记》曰："强立而不反。"行道者，行其身当行之道也。《易》曰："苟非其人，道不虚行。"唯立身者能行道焉。

黄道周曰：教本于孝，孝根于敬。不敢毁伤，敬之至也。为天子不毁伤天下，为诸侯、大夫不毁伤家国，为士、庶不毁伤其身。持之以严，守之以顺，存之以敬，行之以敏，无怨于天下，而求之于身，然后其身见爱敬于天下，则天下亦爱敬其亲矣。故立教者终始于此也。

简朝亮曰：司马氏光曰："或言孔子云，'有杀身以成仁'，然则仁者固不孝与？曰：非也。此之所言，常道也；彼之所言，遭时不得已而为之也。"今案，司马氏说以彼此别之，其义明矣。然此《孝经》非不该彼义也。经所谓道也者，其备常变者乎？《诗》云"既明且哲，以保其身"，行道之常也。《论语》云"有杀身以成仁"，行道之变也。故身不毁伤者，岂不曰孝之始耶？斯孝非唯以是终也。曾子居武城，寇至而去；子思居卫，寇至而守。孟子云："曾子、子思同道。曾子，师也，父兄也；子

020

思，臣也，微也。曾子、子思易地则皆然。"皆行道也。如曾子而行道之变耶，则其所谓"临大节而不可夺"也，其死节以成君子也，亦无异其临终之启手足而知免也。

柱按，观司马氏、简氏之言，则世之借口于身体发肤受之父母，不敢毁伤之说，以谓孝则贪生畏死，不敢赴国家之难，而遂敢于提倡非孝者，亦可以关其口矣。夫发肤之微，受之父母者，尚不毁伤，况名节之大，受之于父母者，而可毁伤之乎？则夫战阵无勇，以至于亡国辱亲者，其为毁伤之大，而非孝子之所敢为，明矣。故自古以来，为国之忠臣者，必为家之孝子；为家之孝子者，亦必为国之忠臣。

又按，孟子曰："老吾老，以及人之老；幼吾幼，以及人之幼。"然则己之身体发肤不敢毁伤，推之则天下之人吾何敢毁伤之乎？吾何敢任人毁伤之乎？故曾子曰："事君不忠，非孝也；位官不敬，非孝也；战阵无勇，非孝也。"更推而大之，则天下之万物，吾何敢毁伤之乎？吾何敢任人毁伤之乎？故曾子又曰："草木以时伐焉，禽兽以时杀焉。吾闻诸夫子，断一树，杀一兽，不以其时，非孝也。"然则孝子之不毁伤者众矣。

"夫孝，始于事亲，中于事君，终于立身①。
《大雅》云：'无念尔祖，聿修厥德。'②"

①黄道周曰：始于事亲，道在于家；中于事君，道在
天下；终于立身，道在百世。为人子而道不著于家，为人
臣而道不著于天下，身殁而道不著于百世，则是未尝有身
也；未尝有身，则是未尝有亲也。

柱按，平居则身体发肤，无不敬慎；出而事君治国，
则靖恭尔位，好是正直；不幸则临难毋苟免，有杀身以成
仁。若是者，方可以谓之能立身矣。

②简朝亮曰：《大雅》者，《诗》言王政之大以正
人也。雅，正也。此引《诗·大雅·文王》之篇，以结上
文之意。范氏以为《记》所谓"必则古昔，称先王"者，
是也。无念，念也。言无念尔祖乎，盖孝于亲，必念其祖
也。聿，遂也。遂者，言其从始向终也。

天子章第二

子曰[①]："爱亲者，不敢恶于人[②]；敬亲者，不敢慢于人[③]。爱敬尽于事亲，而德教加于百姓，刑于四海[④]。盖天子之孝也。《甫刑》云[⑤]：'一人有庆，兆民赖之。'[⑥]"

①简朝亮曰：此又称子曰者，更端之辞也。

②阮福曰：孔子为弟子讲学，日以不敢二字为义。《孝经》十八章，自天子至庶人，凡言不敢者九。曾子谨守孔子之训，故《曾子十篇》，凡言不敢者十有八。

③曹元弼曰：爱、敬二字，为《孝经》之大义，"六经"之纲领。"六经"皆爱人敬人之道，而爱人敬人，出于爱亲敬亲。爱亲敬亲，孝之始；不敢恶慢于人，孝之终。禹思天下有溺者，由己溺之；稷思天下有饥者，由己饥之。四海之内有一物不得其所，即天子恶慢之；四境之内有一人不得其所，即诸侯恶慢之。推之卿大夫、士、庶人，于官守职业有一未尽，即恶慢也，即孝无终始，将使

患及其身，以及其亲也。如此，为孝敢不敬乎？《孝经》之义，自天子至庶人，自有生至没身，始终于敬以尽其爱而已。爱敬非有二义，有恻怛护惜之心，必有慎重敦勉之意。父母之于子，爱之至也，唯其至爱，故扶持保抱，顾复拊畜，心诚求之，不知劳瘁，如执玉，如奉盈，所谓敬也。反而思之，爱敬可知矣。扩而充之，爱敬无穷矣。

马其昶曰：爱亲者不敢恶于人者，不敢恶于人之亲也；敬亲者不敢慢于人者，不敢慢于人之亲也。不言亲者，承上省文也。孟子所谓老吾老，以及人之老也。《大学》所谓上老老而民兴孝，上长长而民兴悌也。

④简朝亮曰：孟子曰："老吾老以及人之老。"宜善推也。天子而言不敢者，天子之慎也。孟子曰："爱人者，人恒爱之；敬人者，人恒敬之。"宜自反也。尽者，尽其道也。尽爱敬之道以事亲，则天子教天下者以身教矣，故称德教焉。加，犹施也。百姓，百族生民也。刑，法也，法其德教也。《大学》曰："君子不出家而成教于国"，"上老老而民兴孝"，宜相发也。

⑤简朝亮曰：《吕刑》者，周穆王以五刑谋于吕侯也。宣王时，吕改为甫。甫者，四岳之后，《周语》所谓

有吕也，故《吕刑》又称"甫刑"。

⑥阮福云：此处引此篇似有深意。就正文论："一人有庆，兆民赖之"，本是天子言德言顺之正语，但引篇名而见刑字，则寓有反是之义。盖是时王室道衰，圣人不敢斥言其道已反也。反与顺相对，《尧典》所云尧之道，以孝德治天下，而生其顺也。《尚书》载《吕刑》者，古者天子不得已作刑，而制其反也。五刑章，"五刑之属三千，罪莫大于不孝"，即反言不顺之义，正与此处所引《甫刑》之义显然相证。《曾子大孝》篇云："乐自顺此生，刑自反此作"，即曾子受孔子《孝经》之大义也。

唐先生曰：君与民相为依赖，故《秦誓》亦曰："邦之荣怀，亦尚一人之庆。"

028

诸侯章第三

在上不骄，高而不危；制节谨度，满而不溢。高而不危，所以长守贵也；满而不溢，所以长守富也①。富贵不离其身②，然后能保其社稷③，而和其民人。盖诸侯之孝也。

①唐先生曰：骄则上下之情隔，隔则危；不骄则上下之情通，通则不危。节度皆谓得其当，得其当故能如其分而不溢。故节度者君子之所以养德也。《易传》曰："节以制度，不伤财，不害民。"为诸侯而伤财以害民，则不能保其社稷矣。孔子曰："聪明圣知，守之以愚；功被天下，守之以让；勇力无匹，守之以怯；富有四海，守之以谦。"此即满而不溢之义。

②唐先生曰：古人守贵所以教人，守富所以养人。故愿富贵不离其身，以长行其教养之事，非吝啬以保爵禄之谓也。孟子曰："天子不仁，不保四海；诸侯不仁，不保社稷。"不仁由于不能教养，不能教养，是谓不孝。

③简朝亮曰：《白虎通》云："人非土而不立，非

穀不食。"言社稷功也。此社稷所以为诸侯之守也。《周官·宗伯》注云："社稷，土谷之神，有德者配食焉。"是也。

《诗》云①："战战兢兢，如临深渊，如履薄冰。"②

①简朝亮曰：《诗·小雅·小旻》之篇，战战，恐惧也。兢兢，戒慎也。临深渊，在上恐坠也。履薄冰，在上恐陷也。今在上不骄者如之。

②阮福曰：孔、曾之学，皆主戒惧，故《曾子立事》篇曰："君子取利思辱，见恶思诟，嗜欲思耻，忿怒思患，君子终身守此战战也。"又曰："昔者天子日旦思其四海之内，战战唯恐不能乂也；诸侯日旦思其四封之内，战战唯恐失损之也；大夫、士日旦思其官职，战战唯恐不能胜也；庶人日旦思其事，战战唯恐刑罚之至也。是故临事而栗者，鲜不济矣。"《孝经》十八章，《曾子十篇》，皆无泰然自得气象。《论语》曰："曾子有疾，召门弟子曰：启予足！启予手！《诗》云：'战战兢兢，如临深渊，如履薄冰。'而今而后，吾知免夫！"是曾子一生皆守《孝经》"战战兢兢"之大义，以至于没世也。

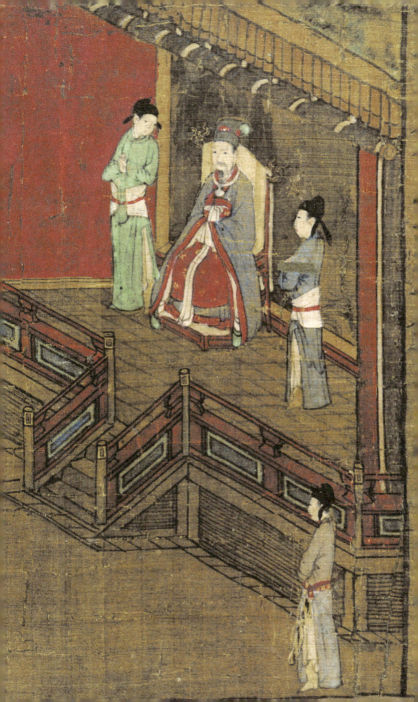

卿大夫章第四

非先王之法服不敢服[1]，非先王之法言不敢道，非先王之德行不敢行[2]。

[1]曹元弼云：孟子准此文以为训，曰："服尧之服，诵尧之言，行尧之行。"先儒谓圣贤之教，皆以服在言行之先。盖服之不衷，则言必不忠信，行必不笃敬。《中庸》修身，亦先以"齐明盛服"，《都人士》之"狐裘黄黄"，所以出言有章，行归于周也。

简朝亮曰：今明乎不敢有非者，则于其服先之。皇氏以为服在外先见，是也。或曰："《孝经》，中国之教，何也？"盖非先王者，非中国所以教孝也。夫中国而遵先王之教孝焉，虽一衣也，不忘中国，彼其言其行，有不唯中国是尊者哉？

[2]陈澧曰：《孟子》七篇中多与《孝经》相发明者。《孝经》曰："非先王之法服不敢服，非先王之法言不敢道，非先王之德行不敢行。"孟子曰："子服尧之服，诵

尧之言，行尧之行。"亦以服言行三者并言之。然则此三者之谨慎当何如？

唐先生曰：古之圣贤，最尊法典，而位至卿大夫，则尤当守法以率下。法服为先王所定，法言为先王所纂，法行为先王所示，非是而不敢服，不敢道，不敢行，见守法之至也。

曹元弼曰：《礼·士相见》经曰："与君言，言使臣；与大人言，言事君；与老者言，言使弟子；与幼者言，言孝悌于父兄；与众言，言忠信慈祥；与居官者言，言忠信。"是谓法言。《冠义》曰："成人之者，将责成人礼焉也；责成人礼焉者，将责为人子为人弟为人臣为人少者之礼行焉。将责四者之礼行于人，其礼可不重与？故孝悌忠顺之行立，而后可以为人。可以为人，而后可以治人也。"《卫将军文子篇》，孔子曰："孝，德之始也；悌，德之序也；信，德之厚也；忠，德之正也。参也，中夫四德者矣。"是谓德行。

是故非法不言，非道不行①。口无择言，身无择行②。言满天下无口过，行满天下无

怨恶③。三者备矣，然后能守其宗庙。盖卿大夫之孝也④。《诗》云："夙夜匪懈，以事一人。"⑤

①黄道周曰：言而后世法之曰法，行而天下由之曰道。孟子曰："舜为法于天下，可传于后世。"夫岂有它？曰孝而已。孝子终日言不在尤之中，终日行亦不在悔之中也。子曰："言寡尤，行寡悔，禄在其中矣。"

②阮福曰：择当读为厌斁之斁。厌斁即《诗》所云"在彼无恶，在此无斁"也。

③简朝亮曰：择犹选也，谓选其非也。"非法不言"，则口无择言而立身矣。《甫刑》曰"罔有择言在躬"，此所以"言满天下无口过"也。"非道不行"，则身无择行而成德矣。《国风》曰："威仪棣棣，不可选也。"此所以"行满天下无怨恶"也。必极之天下者，明乎其言行之顺乎天下也。

④唐先生曰：孟子曰："卿大夫不仁，不保宗庙。"不仁由于不孝。

⑤简朝亮曰：《诗·大雅·烝民》之篇。夙，早也。

匪，犹不也。懈，怠也。一人，天子也。天子之卿大夫，早夜不怠，以事天子，则诸侯之卿大夫，事诸侯以佐天子，亦宜然也。

柱按，此引《诗》盖谓当夙夜不懈，以循法度，以忠所职，而后可谓之孝也。

士章第五

　　资于事父以事母，而爱同；资于事父以事君，而敬同。故母取其爱，而君取其敬，兼之者，父也。故以孝事君则忠，以敬事长则顺[①]。忠顺不失，以事其上，然后能保其禄位，而守其祭祀[②]。盖士之孝也。《诗》云："夙兴夜寐，无忝尔所生。"

　　[①]简朝亮曰：资，取也。爱敬天性，取于事父者以事母，则母主于爱，敬行爱中，而爱母与爱父同。取于事父者以事君，则君主于敬，爱行敬中，而敬君与敬父同。故事母取其事父之爱，而事君取其事父之敬。盖兼爱敬而事之者父也，故敬中有爱。事父孝该事母孝，今以孝事君则必忠焉。事父敬该事兄敬，今以敬事长则必顺焉。长谓官在其上者也。

　　[②]简朝亮曰：忠顺不失以事其君长，则不失其受禄之位，是能保之也。而有田之祭祀，遂守之矣。

曹元弼曰：君子之于禄位，非其道则禄之以天下弗顾也；由其道，则一命之荣不敢失坠。孟子曰：唯士无田则亦不祭。士之失位，犹诸侯之失国家，此《孝经》之义也。盖不义而得禄位，忝所生也。不义而失禄位，亦忝所生也。君子之于禄位，得之以义，保之以义。

③简朝亮曰：《诗·小雅·小宛》之篇。夙兴，早起也。夙兴夜寐，勤事也。无忝，无辱也。陆氏曰："所生，谓父母。"是也。夫夙夜勤事，无辱其父母，是推事亲以事上之道也，当自士始离亲而出身入仕者言也。

庶人章第六

用天之道，分地之利，谨身节用，以养父母，此庶人之孝也①。故自天子至于庶人，孝无终始，而患不及者，未之有也②。

①简朝亮曰：用天之道者，春生夏长，秋收冬藏，四时迭用其道也。分地之利者，山林、川泽、丘陵、坟衍、原隰，五土各分其利也。谨身者，以吾身受之父母，宜谨慎也。浅言之，则无惰而纵欲妄好，戒世俗所谓不孝者；深言之，则视听言动无非礼，皆谨身也。节用者，节其财用也。庶人之身，虽富而无自逸，虽贫而能自守，其必节用也。若此者，不负天地，吾身不由财用故而失之，庶几可以养父母矣。故曰："此庶人之孝也。"庶人者，未仕之士及农工商也。经或言"盖"，或言"此"，皆互文而省文尔。犹曰，盖此天子之孝也，诸侯、卿大夫、士皆然。亦犹曰，此盖庶人之孝也。

②黄道周曰：谨身以事亲则有始，立身以事亲则有终。孝有终始，则道著于天下，行立百世。孝无终始，小则毁伤其身，大则毁伤天下。曾子曰：祸患生自纤纤也，

君子夙绝之。夙绝之如何？曰：敬而已矣。君子未有不敬而免于患者也。

简朝亮曰：其分言五孝，尊卑之分虽异，而孝之理则无异而可互通也。经于"庶人"不引《诗》者，以其连总结之文，不得以《诗》断之尔。经总言五孝，则以终始该上文五者所未尽焉。"无"如《论语》"无小大"之"无"，谓无论也。经首章以身不毁伤为孝之始，以立身行道为孝之终。自天子至于庶人，其孝无论为终为始，而患力不及者，皆未之有也。经下文言孝由天性者，申此意焉。

曹元弼曰：天子之孝，人之所以参天也；庶人之孝，人之所以异于禽兽也。

柱按，孝之分五等者，以人之职位不同而力之所及者有异也。如天子章"爱敬尽于事亲，而德教加于百姓，刑于四海"。士、庶人之职位，焉能为之？然小固不可以兼大，而大则实可以包小，庶人章云："用天之道，分地之利，谨身节用，以养父母，此庶人之孝也。"而职位高于庶人者，岂遂不当如此邪？盖"用天之道，分地之利"，若为庶人之事，则庶人亲行之而已。若为一国之首领，则当教民以生产之道，裕民所生产之财。虽不必己身躬为之，而能用天之道，分地之利，则一也。

後樂而民和睦示之以好惡而民之禁詩云赫赫師尹民具爾瞻

三才章第七

曾子曰："甚哉，孝之大也！"①子曰："夫孝，天之经也，地之义也，民之行也②。天地之经，而民是则之，则天之明，因地之利，以顺天下③。是以其教不肃而成，其政不严而治④。

①简朝亮曰：甚哉者，极言以叹之辞。曾子闻五孝之道德，而极叹其大也，孔子遂申言之。

②《春秋繁露》：河间献王问温城董君曰："《孝经》曰：夫孝，天之经也，地之义也。何谓也？"对曰："天有五行，木火土金水是也。木生火，火生土，土生金，金生水。水为冬，金为秋，土为季夏，火为夏，木为春。春主生，夏主长，季夏主养，秋主收，冬主藏。藏，冬之所成也。是故父之所生，其子长之；父之所长，其子养之；父之所养，其子成之。诸父所为，其子皆奉承而继行之，不敢不致如父之意，尽为人之道也。故五行者，五

行也。由此观之，父授之，子受之，乃天道也。故曰：夫孝者天之经也，此之谓也。"王曰："善哉。天经既得闻矣，愿闻地之义。"对曰："地出云为雨，起气为风。风雨者，地之所为。地不敢有其功名，必上之于天。命若从天气者，故曰天风天雨也，莫曰地风地雨也。勤劳在地，名一归于天，非至有义，其孰能行此？故下事上，如地事天也，可谓大忠矣。土者，火之子也。五行莫贵乎土，土之于四时无所命者，不与火分功名。木名春，火名夏，金名秋，水名冬。忠臣之义，孝子之行，取之土。土者，五行最贵者也，其义不可以加矣。五音莫贵于宫，五味莫美于甘，五色莫盛于黄，此谓'孝者，地之义'也。"王曰："善哉！"

柱按，董君以风雨五行释天经地义，固为无当。然天地生人，人亦不当外乎天地自然之道。天生万物，新陈代谢，生生不绝；父子继体，亦生生不绝。则凡父之所为，子亦当继成之，使之世世不绝。董君所谓"父之所生，其子长之；父之所长，其子养之；父之所养，其子成之。诸父所为，其子皆奉承而继行之"，此数语实为至当不可易。然则人之为善，不特己当以一身之毅力赴之，即子孙亦当相继以一身之毅力赴之。此岂非人类生生不绝之道，而为天地之经者乎？经，常也；义，宜也。分而言之，则天之经也，地之义也：合而言之，则曰天地之道也。天不变，道亦不变，不变即常也。故下文亦曰"天地之经，而民是则之"也。

③唐先生曰：天生时故谓之明，地生财故谓之利。日月行而四时序，于是春生夏长，秋收冬藏，皆得其宜。则天之明，如日月之照临也。地利非必专指农事，凡地所蕴畜，皆该焉。因地之利，任天下以分利，孟子所谓分人以财也。则天之明，因地之利，而教养备，是谓大顺。

曹元弼曰：天之明，人之所以知爱知敬也。地之利，人之所以能爱能敬也。利者，义之和也，即顺也。亲亲敬长，达之天下，和睦无怨。《记》曰："父慈子孝，兄良弟悌，夫义妇听，长惠幼顺，君仁臣忠，谓之人义。讲信修睦，谓之人利。"义利一也，未有不义而能利者。

④柱按，天有日月星辰之明，地有山川陆海之宜，教民则天之明暗以定作息，因地之宜否以定种植，此天下至顺之道。何也？得民性之所同然者也。圣人之因民性以教孝，其顺于天下也正如此。故其教不待肃而成，其政不待

严而治也。

　　"先王见教之可以化民也①，是故先之以博爱，而民莫遗其亲②；陈之以德义，而民兴行③。先之以敬让，而民不争；导之以礼乐，而民和睦④；示之以好恶，而民知禁⑤。《诗》云：'赫赫师尹，民具尔瞻。'⑥"

　　①马其昶曰：《春秋繁露》《白虎通》引此经皆作"教"字，温公易作"孝"字，非是。

　　曹元弼曰：见者，先知先觉也。则天因地以顺天下，以天治人也。见教之可以化民，因其固有而利导之，以人治人也。先之以博爱，先之以敬让，以己治人也。有诸己而后求诸人，以身教者从，至诚而不动者，未之有也。

　　②简朝亮曰：先之者，以身教也。《大学》言治国平天下者，必曰先修其身。

　　柱按，博爱者仁也。先之以博爱者，《大学》所谓尧、舜率天下以仁而民从之也。民莫违其亲者，孟子所谓未有仁而遗其亲者也。

③简朝亮曰：陈之者，陈说而以其理教也。博爱者，德义之实。教必以实，身先之而后以其理陈说之也。

④简朝亮曰：敬让者，礼乐之实，教必以其实，身先之而后以其事导引之也。

⑤简朝亮曰：禁者，政之禁令也。《大学》曰："其所令反其所好，而民不从。"盖政反其教，则民不知禁也。经上文言先之，而陈之导之者，皆以其教示之好也。其不好者，即其教示之以恶矣，如是而民乃知有政之禁令焉。

⑥简朝亮曰：《诗·小雅·节南山》之篇，赫赫，显盛貌。具，犹皆也。瞻，视也。

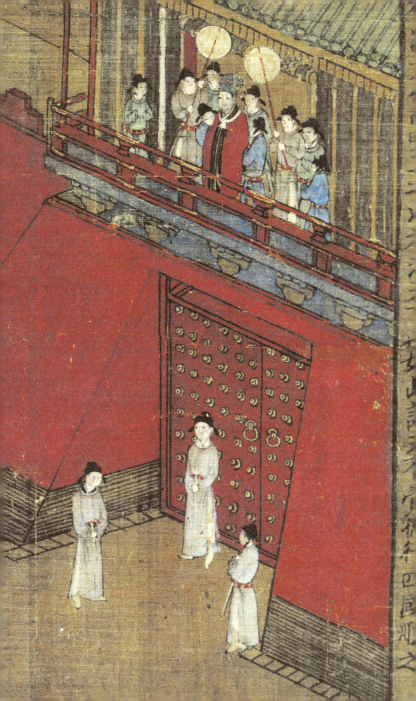

孝治章第八

子曰：“昔者明王之以孝治天下也^①，不敢遗小国之臣，而况于公、侯、伯、子、男乎？故得万国之欢心，以事其先王^②。治国者，不敢侮于鳏寡，而况于士民乎？故得百姓之欢心，以事其先君^③。治家者，不敢失于臣妾，而况于妻子乎？故得人之欢心，以事其亲^④。

①简朝亮曰：孔子更端而申言之。言昔者，以见今者亦当然。明王即上文先王之明也，变文以相备焉。盖明王孝以顺天下，则其以孝治天下也。

②黄道周曰：爱敬著于心，则恶慢远于人；恶慢著于心，则怨黩生于下矣。聚顺承欢，人道之至大者也。《易》曰：“雷出地奋，豫。先王以作乐崇德，殷荐之上帝，以配祖考。”夫得万国而不得其欢心，虽得万国，安用乎？

③唐先生曰：或问："诸侯惠及万民，而此经先言不敢侮鳏寡，何也？"曰："孟子言鳏寡孤独，天下之穷民而无告者，文王发政施仁，必先是四者。可见鳏寡之民，乃不忍人之政所宜先也。《诗》《书》诸经言仁政，亦常以不侮鳏寡为首务，仁心之所浃者至，其民感而悦之，故能得百姓之欢心也。"

④唐先生曰：或问："孝以躬率妻子为务，而此经先言不敢失于臣妾，何也？"曰："此更有精义存焉。大凡士、庶人之家，人子类能帅妻子以躬养其亲，饮食亲尝，床箦亲拂，杖履亲奉。逮卿大夫以上，家畜臣妾，父子异宫，其事亲也，转不能如士、庶人之躬亲。于是其职半分于臣妾矣。文王之为世子，朝于王季日三，问内竖之御者，曰：'今日安否何如？'内竖曰：'安。'文王乃喜。以文王之孝，因咸和万民，不遑暇食，是以朝于其亲不过日三，则其承欢聚顺，转不若内竖之常在亲旁可知也。是不特起居饮食衣服寒暖饥饱燥湿之宜，胥有赖于臣妾；即父母情志之喜怒郁愉，年岁之修短，实皆悬于此辈之手。如是而可失乎？"

柱按，积善之家，必有余庆；积不善之家，必有余殃。善莫如和，不善莫如不和。不和多起于上之凌下。为一国之首领者而凌其下属，则转相仿效，而一国之人皆积怨矣；为一家之长者，而凌其仆役，则妻子仿效，而一家之人皆积怨矣。经文上云不敢，而下云而况者，明至卑微者尚不凌，而况而上焉者乎？可知以孝道治国，不仅为口体之养，以安其亲而已。极之无人无物，而无不当极其爱也。

"夫然，故生则亲安之[1]，祭则鬼享之[2]。是以天下和平，灾害不生，祸乱不作。故明王之以孝治天下也如此。《诗》曰：'有觉德行，四国顺之。'[3]"

[1]唐先生曰：乐其心志，适其居处，此安之小者。天子能保其天下，诸侯能保其社稷，卿大夫能保其宗庙，去利心而无争夺之祸，此安之大者。二者人子所当兼尽也。

[2]黄道周曰：生则聚顺以为养，死则聚顺以为祭。

[3]简朝亮曰：《诗·大雅·抑》之篇。觉，大也。

圣治章第九

曾子曰："敢问圣人之德，无以加于孝乎？"①子曰："天地之性人为贵，人之行莫大于孝②，孝莫大于严父，严父莫大于配天，则周公其人也③。昔者，周公郊祀后稷以配天，宗祀文王于明堂以配上帝④。是以四海之内，各以其职来祭。夫圣人之德，又何以加于孝乎⑤？

①简朝亮曰：曾子闻孝治之大，思此德无以加之，故又以圣人问焉，孔子又申言之。

②柱按，人为天地生物中天演竞争之最进化者。生物生存之竞争，大抵皆知有己，而不知有他；皆知爱己而不知爱他。夫妇之爱，不过一时之情欲；母子之爱，亦有一定之期限。过此一往，若不相识，故无所谓仁也。唯人则不然。知生存竞争，必当互助互爱。故由己而爱人，与己关系最亲者，则爱之弥深而弥久，故夫妻之爱笃，而夫妻

遂不能无别。盖无别则争，争则死伤继之，而彼此均互受其害。圣人因之，故制为夫妇之礼，而夫妇之配始定。夫妇之配既定，而父子之亲以成。夫妇、父子之互爱互助既生，而后一切人群互助互爱之事以立。故仁字从人从二，谓所爱者不止一己也。孝字从老省从子，谓子承父也。故仁为人所以异于禽兽之本，而孝又为人所以能仁之基。故曰："天地之性人为贵，人之行莫大于孝也。"

③简朝亮曰：尊严其父，莫大于以父配天。《左传》言鲧者曰："实为夏郊。"《书》言成汤、太甲、大戊、祖乙、武丁者曰："殷礼陟配天。"斯严父配天之孝，夏、殷有其人矣。自周而以当代言之，则周公其人也。周公，文王子，武王弟也。

④简朝亮曰：祀天于邑外之郊曰郊祀，其配天者，亦称郊祀焉。后稷，周始祖也，其功著于天下者也。宗，尊也。文王，武王父也，其德著于天下者也。明堂，天子所居以听政之堂也。《乐记》言武王克殷者曰："祀乎明堂而民知孝。"斯宗祀焉。《诗·周颂》言宗祀者曰："维天其右之。"盖上帝即天也，配上帝即配天也。配天之祀，武王以严父而尊文王，于是推严父以尊祖，故后稷

配天于郊，文王配天于明堂。后稷配天当在文王先矣，皆周公酌其礼，而武王行之，亦未成乎其礼制也。《中庸》曰："武王末受命，周公成文武之德。"遂曰："上祀先公以天子之礼。"盖周公相成王，则祀礼由周公之制而成矣。

⑤马其昶曰：孝者百行其贯。虽德化之隆如周公，制礼作乐以致太平，只以完其孝之量而已，故曰无加。

"故亲生之膝下，以养父母日严①。圣人因严以教敬，因亲以教爱②。圣人之教，不肃而成，其政不严而治。其所因者，本也。"③

①唐先生曰：故亲生之膝下句，以养读父母日严句，以养与生之相对。养，长也，言长则父母日加尊严也。读此经而知父兮生我，母兮鞠我，拊我畜我，长我育我，顾我复我，出入腹我，斯时人子亲爱之心，纯然无所杂也。及长，父母日严，即日疏，而人子亲爱之心亦日漓矣。古人所以定父母为亲字，见其当终身亲之，而痛其日疏而日远也。

②贺长龄曰：两因字皆天之所为，非人之所设也。

③简朝亮曰：亲谓亲亲也，《礼》所称"孺子慕"也。生，谓由其天性生此亲亲之心也。膝下，谓幼在父母膝下时也。养犹事也。日严者，其天性日渐知尊严其父母也。此承上文言德性者，推其故而言之。人亲亲之心，由天生之膝下，及长以事父母，其天性日渐知尊严所亲。圣人因其能严者，以教其敬父母之孝焉；因其能亲者，以教其爱父母之孝焉。圣人之教，不肃以速进而教自成；其政之辅教，不严以厉威之而政自治。盖其所因者，德之本天性也。

"父子之道，天性也①，君臣之义也②。父母生之，续莫大焉③。君亲临之，厚莫重焉。故不爱其亲而爱他人者，谓之悖德；不敬其亲而敬他人者，谓之悖礼④。以顺则逆，民无则焉。不在于善，而皆在于凶德，虽得之，君子不贵也⑤。君子则不然，言思可道，行思可乐，德义可尊，作事可法，容止可观，进退可度，以临其民。是以其民畏而爱之，则而象之⑥。故能成其德教，而行其政令。《诗》云：'淑人君子，其仪不忒。'⑦"

①曹元弼曰：此《中庸》性、道、教之义所自出。性者生也，天性犹天生。"生之膝下，一体而分。喘息呼吸，气通于亲。"子之亲严其父母，天生自然，所谓"天命之谓性"，孟子所谓性善也。天性亲严，是谓父子之道，五伦皆从此起。所谓"率性之谓道"，"天下之达道五"也。圣人因人亲严之天性，而教之爱敬，所谓"修道之谓教"也。父子之道，自诚明谓之性也。因严教敬，因亲教爱，自明诚谓之教也。

②曹元弼曰：家人有严焉，尊父母之谓也。人类有令归，而后人人得保其父子。天下国家身体发肤，父传之，子授之，上下各思永保其父子，而后君子各尽其道。故父子之道为君臣之义所自出，故孝子事君必忠。

③吕维祺曰：气始于父，形成于母，其体本自连续。从此一气，世世相接，其为至亲之续，孰大于此。既为至亲，又为严君，而临乎我上，其分义之厚，孰重于此。此爱敬之心，所以不能自已也。

④柱按，上文云"爱亲者不敢恶于人，敬亲者不敢慢于人"，然则他人岂可不爱敬耶？唯不爱敬其亲者，则爱敬他人，亦必非真出于爱敬之诚，为嗜欲焉耳，为势利焉耳，如小人之宠爱其妾媵，迎合其长官者，是也。

⑤简朝亮曰：君子者，能君人之子者也。上下皆通称，今言在上者也。盖妄为爱敬者，不在于天性之善，而皆在于悖逆之凶德。彼虽德其所德而自得之，君子以其失人为贵之性而不贵也。

唐先生曰：得，谓得在人上，君子不贵以悖德悖礼谄媚于人，暴得富贵。

⑥《春秋繁露》曰：衣服容貌者，所以悦目也；声音应对者，所以悦耳也；好恶去就者，所以悦心也。故君子衣服中而容貌恭，则目悦矣；言理应对逊，则耳悦矣；好仁厚而恶浅薄，就善人而远僻鄙，则心悦矣。故曰行意可乐，容止可观，此之谓也。

⑦阮元曰：晋唐人言性命者，欲推之于身心最先之天，商周人言性命者，只范之于容貌最近之地，所谓威仪也。《春秋左传》襄公三十一年，卫北宫文子见令尹围之威仪，言于卫侯曰："令尹似君矣，将有他志。虽获其

志，不能终也。《诗》云：'靡不有初，鲜克有终。'终之实难，令尹其将不免。"公曰："子何以知之？"对曰："《诗》云：'敬慎威仪，维民之则。'令尹无威仪，民无则焉。民所不则，以在民上，不可以终。"公曰："善哉！何谓威仪？"对曰："有威而可畏谓之威，有仪而可象谓之仪。君有君之威仪，其臣畏而爱之，则而象之，故能有其国家，令闻长世。臣有臣之威仪，其下畏而爱之，故能守其官职，保族宜家。顺是以下皆如是，是以上下能相固也。《卫诗》曰：'威仪棣棣，不可选也。'言君臣、上下、父子、兄弟、内外、大小皆有威仪也。《周诗》曰：'朋友攸摄，摄以威仪。'言朋友之道必相教训以威仪也。《周书》数文王之德，曰：'大国畏其力，小国怀其德。'言畏而爱之也。《诗》云：'不识不知，顺帝之则。'言则而象之也。纣囚文王七年，诸侯皆从之囚，纣于是乎惧而归之，可谓爱之。文王伐崇，再驾而降为臣，蛮夷帅服，可谓畏之。文王之功，天下诵而歌舞之，可谓则之。文王之行，至今为法，可谓象之。有威仪也。故君子在位可畏，施舍可爱，进退可度，周旋可则，容止可观，作事可法，德行可象，声气可乐，动作有文，言语有章，以临其下，谓之有威仪也。"又《成公十三年》曰：成子受脤于社，不敬。刘子曰："吾闻之：民受天地之中以生，所谓命也。是以有动作礼义威仪之则，以定命也。能者养以之福，不能者败以取祸。是故君子勤礼，小人尽力。勤礼莫如致敬，尽力莫如敦笃。敬在养神，笃在守业。国之大事，在祀与戎。祀有执膰，戎有受脤，神之大节也。今成子惰，弃其命矣，其不反乎！"观此二节，其言最为明显。《书》言威仪者二，《顾命》"自乱于威仪"，《酒诰》"用燕丧威仪"。《诗》三百篇中，言威仪者十有七。朋友相摄以威仪，已见于左氏所引。此外"敬慎威仪，维民之则"，"威仪抑抑，德音秩秩。受福无疆，四方之纲"，"抑抑威仪，维德之隅"，"敬慎威仪，以近有德"，则皆同乎北宫文子、刘子之说也。威仪者，言行所自出，故曰"慎尔出话，无不柔嘉。淑慎尔止，不愆于仪"。此谓谨慎言行，柔嘉容色之人，即力威仪也。是以仲山甫之德则"柔嘉维则，令仪令色，小心翼翼，古训是式，威仪是力"矣。鲁侯之德，则"穆穆敬明，敬慎威仪，维民之则"矣。成王之德，则"有孝有德，四方为德，颙颙卬卬，四方为纲"矣。且百行莫大

071

于孝，孝不可以情貌言也，然《诗》曰"敬慎威仪，为民之则"，"靡有不孝，自求伊祜"矣。又言"威仪孔时，君子有孝子"矣。且力于威仪者，可祈天命之福，故"威仪抑抑"为四方之纲者，受福无疆也。"威仪反反"者，"降福简简"，福禄来反也。此能者养以之福也。反是，则威仪不类者，人之云亡矣。威仪卒迷者，丧乱蔑资矣。且定命即所以保性，《卷阿》之诗言性者三，而继之曰："如圭如璋，令闻令望，四方为纲。"凡此威仪为德之隅，性命所以各正也。匪特《诗》也，孔子实式威仪定命之古训矣。故《孝经》曰："君子言思可道，行思可乐，德义可尊，作事可法，容止可观，进退可度，以临其民，是以其民畏而爱之，则而象之，故能成其德教，而行其政令。《诗》云：'淑人君子，其仪不忒。'"《论语》曰："君子不重则不威，学则不固。"此与《诗》《左传》之大义无毫厘之差也。

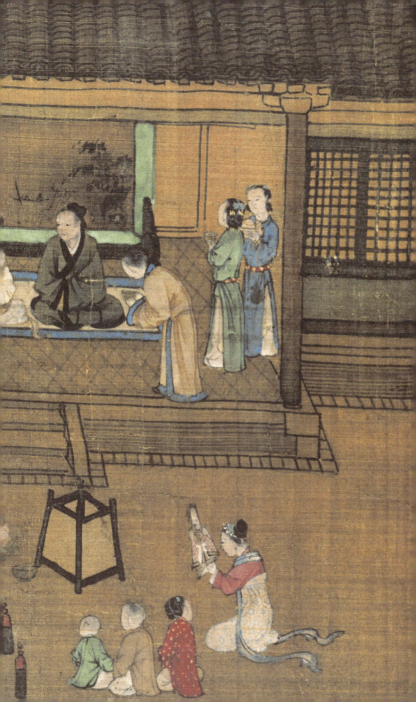

纪孝行章第十

子曰："孝子之事亲也，居则致其敬^①，养则致其乐^②，病则致其忧，丧则致其哀，祭则致其严^③。五者备矣，然后能事亲。

①唐先生曰：《曲礼》曰："毋不敬。"又曰："为人子者听于无声，视于无形。"郑君注云："恒若亲之将有教使然。"愚按，"听于无声，视于无形"八字，最得难达之隐；而郑君谓"恒若亲之有教使然"，亦能曲得孝子之心，所谓敬之至也。人子事亲者，首能致敬于无形无声之际，则于所谓先意承志者，庶乎能曲体一二。而于安亲之心，乐亲之情，代亲之劳，预防亲之疾病，或可以少有所失矣。

②唐先生曰：凡人之寿，大率不过七八十年，为人子者，除幼稚无知识之时，及出就外傅或营业，养亲之时，至多不过五六十年，转瞬即逝。曾子曰："人之生也，有疾病焉，有老幼焉，君子思其不可复者而先施焉。亲戚既

没，虽欲孝，谁为孝乎？"夫养亲之时日少，而一日思之，则喜与惧并，而可不致其乐乎？《礼记》曰："孝子之有深爱者，必有和气；有和气者，必有愉色；有愉色者，必有婉容。"皆当具备而必推其原于深爱，深爱必推于幼时至情至性之间，则庶乎得亲之欢矣。孔子曰："啜菽饮水尽其欢"，乐之谓也。

③简朝亮曰：病者，疾甚之危辞，其难测焉。孝子慎其饮药，色不满容，琴瑟不御。若此者，于亲病则极其忧焉。丧者送死之大事，至痛也。孝子哭泣成服，致丧三年，寝不处内，或贫乃称其财。若此者，于丧亲则极其哀焉。祭者终身之永念，非尊严，则黩也。孝子斋戒沐浴，僾然有见，如亲听命，或贫不粥祭器。若此者，于祭亲则极其严焉。

"事亲者，居上不骄，为下不乱，在丑不争。居上而骄则亡，为下而乱则刑，在丑而争则兵①。三者不除，虽日用三牲之养，犹为不孝也。"

①曹元弼曰：骄以致亡，乱以致刑，争以致兵，此之谓毁伤。非是则夭寿不贰，修身以俟之，命也所欲有甚于生者，所恶有甚于死者，致命遂志，杀身成仁，义也。是故骄也，乱也，争也，虽幸而无患，君子谓之毁伤，所谓罔之生也幸而免，哀莫大于心死也。不骄不乱不争，虽不幸而死，若比干之极谏，孔父、仇牧之死难，君子谓之全归。未见蹈仁而死者也。蹈仁而死，犹不死也，以其无毁伤之道也。故曾子临大节而不可夺。

五刑章第十一

子曰："五刑之属三千，而罪莫大于不孝①。要君者无上，非圣人者无法，非孝者无亲。此大乱之道也。"②

①唐玄宗曰：五刑谓墨、劓、剕、宫、大辟也。

②黄道周曰：夫子之言，盖为墨氏发也。人情易谕，谕而去节，则以礼为戎首。礼曰三千，刑亦三千。礼刑相维，以刑教礼。圣人之才与德，皆足以胜之，胜之而存其真。罪人之才与德不足以胜之，而见是繁重则畔矣。夫子之时，墨氏未著，而子桑户、曾点、原壤之徒，皆临丧不哀，遁于天刑，自圣人外，未有非者。夫子逆知后世之治礼乐，必入于墨氏，墨氏之徒必有要君、非圣、非孝之说，以爁乱天下，使圣人不得行其礼，人主不得行其刑，刑衰礼息，爱敬不生，而无父无君者，始得肆志于天下。故夫子特著而豫防之，辞简而旨危，忧深而虑远矣。

简朝亮曰：经方言不孝之罪，而以此三者参之，明此皆自不孝而来。不孝则无可移之忠，由无亲而无上，于是乎敢要君；不孝则不道先王之法言而无法，于是乎敢非圣人；不孝则不爱其亲而无亲，于是乎敢非孝。故曰"此大乱之道也"，明其当为莫大之罪。

又曰：或曰："今之非孝者云，孝知有家，不知有国也。韩非子云：'鲁人从君战，三战三北，仲尼问其故，对曰："吾有老父，身死莫之养也。"仲尼以为孝，举而上之。以是观之，夫父之孝子，君之背臣也。'今之非孝者，乃若斯乎？甚哉，韩非之诬也！《礼·祭义》称曾子云："事君不忠，非孝也；战阵无勇，非孝也。"故经曰："君子之事亲孝，故忠可移于君。"孝子忠臣，相成之道也。

曹元弼曰：人生于三，事之如一。故天地者人之本。祖父者，类之本。君师者，治之本。事亲事君事师，其义同。《大戴礼》言大罪有五，杀人为下。盖杀人者所残止一人，自取诛戮而已。要君、非圣、非孝，则逆天悖理之极，将驱天下为禽兽，以召禽狝草薙、积血暴骨之祸，故圣人必首诛之，所以救同类于水火，以至顺讨至逆，迫于爱敬万不得已之心而出之者也。

广要道章第十二

子曰："教民亲爱，莫善于孝；教民礼顺，莫善于悌①。移风易俗，莫善于乐；安上治民，莫善于礼。礼者，敬而已矣②。

①简朝亮曰：亲爱以亲爱其亲为大，则亲爱自此而施，非兼爱无差等也。盖教民亲爱，莫善于孝也，《礼·祭义》曰："立爱自亲始。"善事兄长为悌，谓礼顺焉。礼顺于人，而长人之长，犹礼顺其兄，而长吾之长。盖教民礼顺，莫善于悌也。经曰："事兄悌，故顺可移于长。"

②柱按，孟子曰："仁之实，事亲是也；义之实，从兄是也；礼之实，节文斯二者是也；乐之实，乐斯二者，乐则生矣。生则恶可已，恶可已，则不知足之蹈之，手之舞之。"观孟子此言，则可知礼乐之关系于孝悌矣。

"故敬其父则子悦，敬其兄则弟悦，敬其君则臣悦，敬一人而千万人悦。所敬者寡而悦者众，此之谓要道也。"①

①唐先生曰：一人谓父兄君，千万人谓子弟臣也。孟子称西伯善养老曰："天下之父归之，其子焉往？"此推恩锡类之第一义，礼所以特详养老之典也。

广至德章第十三

子曰："君子之教以孝也，非家至而日见之也。教以孝，所以敬天下之为人父者也；教以悌，所以敬天下之为人兄者也；教以臣，所以敬天下之为人君者也。"[1]

①贺长龄曰：使天下皆知敬其君父兄，则分定，分定则志定，志定则天下无不定矣。

简朝亮曰：家至，家家至也。日见之，日日见之也。君子之教非有然也，此承上章礼之敬而言。盖君子教以孝者即教以悌，自敬父通之而敬兄焉；君子教以孝者即教以臣，自敬父通之而敬君焉。故经文唯统之曰："君子之教以孝也。"

"《诗》云：'恺悌君子，民之父母。'[1]非至德，其孰能顺民如此其大者乎。"

①简朝亮曰：《诗·大雅·泂酌》之篇。恺，乐也。悌，易也。

广扬名章第十四

子曰："君子之事亲孝，故忠可移于君。事兄悌，故顺可移于长。居家理，故治可移于官①。是以行成于内，而名立于后世矣。"②

①柱按，《大学》曰："君子不出家而成教于国。孝者，所以事君也；悌者，所以事长也；慈者，所以使众也。"足与此经相发。

②黄道周曰：君子之立行，非以为名也，然而行立则名从之矣。事亲孝，事兄悌，居家理，此三者有修于实，而无其名。事君忠，事长顺，居官治，此三者有其实而名应之。

谏诤章第十五

曾子曰："若夫慈爱恭敬①，安亲扬名，则闻命矣。敢问子从父之令，可谓孝乎？"

①阮福曰：子孝亲亦曰慈，慈爱即孝爱也，故《曾子大孝》篇曰："慈爱忘劳。"即曾子传《孝经》之义。

子曰："是何言与，是何言与！昔者天子有争臣七人①，虽无道，不失其天下；诸侯有争臣五人②，虽无道，不失其国；大夫有争臣三人③，虽无道，不失其家；士有争友，则身不离于令名；父有争子，则身不陷于不义④。

①简朝亮曰：争臣七人者，若四辅、三公也。《大戴礼·保傅篇》云："《明堂之位》曰：'笃仁而好学，多闻而道慎，天子疑则问，应而不穷者，谓之道。道者，道天子以道者也。常立于前，是周公也。诚立而敢断，辅善

而相义者，谓之充。充者，充天子之志者也。常立于左，是太公也。洁廉而切直，匡过而谏邪者，谓之弼。弼者，拂天子之过者也。常立于右，是召公也。博闻强记，接给而善对者，谓之承。承者，承天子之遗忘者也。常立于后，是史佚也。'故成王中立而听朝，则四圣维之，是以虑无失计，而举无过事。"盖《周书·洛诰》所以言"乱为四辅"也。《尚书大传》言"四邻"者，略同。《释文》出郑《孝经注》云："左辅、右弼、前疑、后丞。"郑据《大传》焉。《保傅篇》云："昔者周成王幼，在襁褓之中，召公为太保，周公为太傅，太公为太师。"保，保其身体；傅，傅其德义；师，导之教训，此三公之职也。《郑志》引《书·周官》亡篇之逸文曰"立太师、太傅、太保，兹为三公"，此其序也。

②简朝亮曰：争臣五人者，若二史友、三卿父也。《周书·酒诰》曰："太史友，内史友。"又曰："圻父，农父，宏父。"《蔡传》曰，"圻父，司马也，主封圻；农父，司徒也，主农；宏父，司空也，主廓地居民。"是也。

③简朝亮曰：争臣三人者，若室老、宗老、侧室也，

《礼》称家臣曰室老，《国语》称家之宗臣曰宗老，《左传》称众子之官曰侧室，皆大夫之佐也。古制，人皆可谏，此经则举要以言之也。

④曹元弼曰：《孝经》大义在天子、诸侯、卿大夫、士、庶人各保其天下国家身名。君有争臣，士有争友，父有争子，则虽有失道，而不陷于兵刑乱亡。故当不义，不可以不争。

柱按，《荀子·子道篇》曰：孝子所以不从命有三：从命则亲危，不从命则亲安，孝子不从命乃衷；从命则亲辱，不从命则亲荣，孝子不从命乃义；从命则禽兽，不从命则修饰，孝子不从命乃敬，故可以从而不从，是不子也；未可以从而从，是不衷也。明于从不从之义，而能致恭敬忠信端悫以慎行之，则可谓大孝矣。荀子学孔子者也，是《孝经》争子之义也。观此，则可以知《论语》所谓"三年无改于父之道可谓孝矣"一言，其所谓道，必非不可从之道也明矣。

"故当不义，则子不可以不争于父，臣不可以不争于君。故当不义则争之。从父之令，又焉

得谓之孝乎！”①

　　①柱按，《论语》：孔子曰："事父母几谏，见志不从，又敬不违，劳而不怨。"几谏者当父母有过于几微之时而已善谏之，不待其大，而至于不能谏也。《记》曰"子之事亲也，三谏不听，则号泣而随之"，"夫父子之道天性也"。子能如此，父母之不感悟者，盖鲜矣。

感应章第十六

子曰："昔者明王事父孝，故事天明；事母孝，故事地察；长幼顺，故上下治。天地明察，神明彰矣[1]。故虽天子，必有尊也，言有父也；必有先也，言有兄也[2]。"

[1]曹元弼曰：孝莫大于严父，继人之志，述人之事，凡父所为，子无不奉承而敬行之，不敢不致如父之意。推此以事天，用天之道以道民；通神明之德，类万物之情，是谓事天明。资于事父以事母而爱同，乐其心，不违其志，乐其耳目，安其寝处，以其饮食忠养之。推此以事地，因地之利以利民；养其欲，给其求，树木以时伐，禽兽以时杀，是谓事地察。

[2]唐先生曰：先王养老之礼，即示民以长幼顺之道。

"宗庙致敬，不忘亲也；修身慎行，恐辱先也。宗庙致敬，鬼神著矣。孝悌之至，通于神

明，光于四海，无所不通。《诗》云：'自西自
东，自南自北，无思不服。'"

柱按，孝悌之至，如舜、禹、周公、孔子，岂非通于
神明，光于四海之效乎？

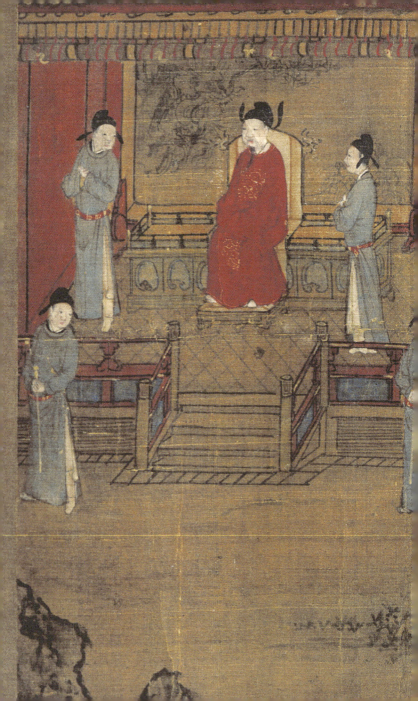

事君章第十七

子曰："君子之事上也，进思尽忠①，退思补过②，将顺其美，匡救其恶，故上下能相亲也③。《诗》云：'心乎爱矣，遐不谓矣。中心藏之，何日忘之。'④"

①唐先生曰：孔子曰："见危授命，可以为成人。"子张曰："士见危授命，其可已矣。"子路曰："食焉不避其难。"盖事君以致身为义，古圣贤之明训也，人必能有此心而后为忠。忠者尽己之谓，忠于君正所以忠于国也。

柱按，君者一国之元首也，国民以一国之事付托于元首，元首忠于国，则忠于元首正所以忠于国也。

②韦昭曰：退居私室，则思其身过。

柱按，《史记·管晏列传》以此二语赞晏子。

③柱按，《史记·管晏列传》以此三语美管仲。《正义》曰："言管仲相齐，顺百姓之美，匡救国家之恶，令

君臣百姓相亲者，是管仲之能也。"

　　④简朝亮曰：《诗·小雅·隰桑》之篇，引此以明君子事上之义。

宗廟以鬼事之春秋祭祀以時思之生事愛敬死事哀
之本盡矣死生之義備矣孝子之事親終矣

丧亲章第十八

子曰："孝子之丧亲也，哭不偯①，礼无容，言不文，服美不安，闻乐不乐，食旨不甘，此哀戚之情也。

①阮福曰：《说文》虽无偯字，然偯字见于经传者，不止此一处。《杂记》"童子哭不偯"，言童子不知礼节，但知遂声直哭，不能知哭之当偯不当偯，故云"哭不偯"。正与此处经文同。又曾申问于曾子曰："哭父母有常声乎？"曰："中路婴儿失其母焉，何常声之有？"以此二证推之，可知孝子之哭亲，悲痛急切之时，自如童子婴儿之哭不偯，不作委曲之声。且可见曾子答曾申之言，实受之孔子，即《孝经》"哭不偯"之义也。

"三日而食，教民无以死伤生，毁不灭性①，此圣人之政也。丧不过三年，示民有终也②。

①柱按，孔子曰："丧，与其易也，宁戚。"言父母之丧，哀戚当得礼之中，不及则不孝，过则伤父母之心，亦为不孝。然不及者情之薄，过之者情之厚，故曰苟不得礼之中者，与其不及，无宁过之也。然若遭父母之丧，则必至伤生毁性，是以身殉死，种族不将绝乎？此圣人之政所以不许也。

②柱按，《丧服》四制曰："丧之所以三年，贤者不得过，不肖者不得不及，此丧之中庸也。"

简朝亮曰：此一节约丧礼之要，统贵贱而言之。《中庸》曰："三年之丧，达乎天子，父母之丧，无贵贱一也。"孟子曰："三年之丧，齐疏之服，飦粥之食，自天子达于庶人，三代共之。"皆于《孝经》此文有会焉。

"为之棺椁衣衾而举之①，陈其簠簋而哀戚之②。擗踊哭泣，哀以送之。卜其宅兆，而安措之。为之宗庙，以鬼享之。春秋祭祀，以时思之③。生事爱敬，死事哀戚，生民之本尽矣，死生之义备矣，孝子之事亲终矣。"④

①郑玄曰：周尸为棺，周棺为椁。衾谓单被可以亢尸而起也。

②郑玄曰：陈奠素器而不见亲，故哀感也。

③郑玄曰：宗，尊也；庙，貌也；亲虽亡没，事之若生，为立宫室，四时祭之，若见鬼神之容貌。

④简朝亮曰：此一节列丧礼之类，随尊卑而可言之，自天子至于庶人，皆有分所当得，力所可行。

女孝经

开宗明义第一章

曹大家闲居，诸女侍坐。大家曰："昔者，圣帝二女有孝道，降于妫汭，卑让恭俭，思尽妇道，贤明多智，免人之难。汝闻之乎？"诸女退位而辞曰："女子愚昧，未尝接大人余论，曷得以闻之？"大家曰："夫学以聚之，问以辩之，多闻阙疑，可以为人之宗矣。汝能听其言，行其事，吾为汝陈之。夫孝者，广天地，厚人伦，动鬼神，感禽兽。恭近于礼，三思而行，无施其劳，不伐其善，和柔贞顺，仁明孝慈，德行有成，可以无咎。《书》云：'孝乎唯孝，友于兄弟。'此之谓也。"

后妃章第二

大家曰："《关雎》《麟趾》，后妃之德，忧在进贤，不淫其色。朝夕思念，至于忧勤。而德教加于百姓，刑于四海，盖后妃之孝也。《诗》云：'鼓钟于宫，声闻于外。'"

夫人章第三

居尊能约，守位无私，审其勤劳，明其视听。《诗》《书》之府，可以习之；礼乐之道，可以行之。故无贤而名昌，是谓积殃；德小而位大，是谓婴害。岂不诫钦！静专动直，不失其仪，然后能和其子孙，保其宗庙，盖夫人之孝也。《易》曰："闲邪存其诚，德博而化。"

邦君章第四

非礼教之法服不敢服，非《诗》《书》之法言不敢道，非信义之德行不敢行。欲人不闻，勿若勿言；欲人不知，勿若勿为；欲人不传，勿若勿行。三者备矣，然后能守其祭祀，盖邦君之孝也。《诗》云："于以采蘩，于沼于沚。于以用之，公侯之事。"

庶人章第五

为妇之道，分义之利，先人后己，以事舅姑。纺绩衣裳，社赋蒸献，此庶人妻之孝也。《诗》云："妇无公事，休其蚕织。"

事舅姑章第六

　　女子之事舅姑也，敬与父同，爱与母同。守之者义也，执之者礼也。鸡初鸣，咸盥漱衣服以朝焉。冬温夏清，昏定晨省，敬以直内，义以方外，礼信立而后行。《诗》云："女子有行，远兄弟父母。"

三才章第七

　　诸女曰："甚哉，夫之大也。"大家曰："夫者天也，可不务乎！古者女子出嫁曰归，移天事夫，其义远矣。天之经也，地之义也，人之行也。天地之性，而人是则之。则天之明，因地之利，防闲执礼，可以成家。然后先之以泛爱，君子不忘其孝慈；陈之以德义，君子兴行；先之以敬让，君子不争；道之以礼乐，君子和睦；示之以好恶，君子知禁。《诗》云：'既明且哲，以保其身。'"

孝治章第八

　　大家曰："古者淑女之以孝治九族也，不敢遗卑幼之妾，而况于娣侄乎？故得六亲之欢心，以事其舅姑。治家者不敢侮于鸡犬，而况于小人乎？故得上下之欢心，以事其夫。理闺者不敢失于左右，而况于君子乎？故得人之欢心，以事其亲。夫然，故生则亲安之，祭则鬼享之，是以九族和平，蓁斐不生，祸乱不作。故淑女之以孝治上下也如此。《诗》云：'不愆不忘，率由旧章。'"

贤明章第九

诸女曰："敢问妇人之德，无以加于智乎？"大家曰："人肖天地，负阴抱阳，有聪明贤哲之性，习之无不利，而况于用心乎！昔楚庄王晏朝，樊女进曰：'何罢朝之晚也，得无倦乎？'王曰：'今与贤者言乐，不觉日之晚也。'樊女曰：'敢问贤者谁欤？'曰：'虞丘子。'樊女掩口而笑，王怪，问之。对曰：'虞丘子贤则贤矣，然未忠也。妾幸得充后宫，尚汤沐，执巾栉，备扫除，十有一年矣。妾乃进九女，今贤于妾者二人，与妾同列者七人。妾知妨妾之爱，夺妾之宠，然不敢以私蔽公，欲王多见博闻也。今虞丘子居相十年，所荐者非其子孙，则宗族昆弟，未尝闻进贤而退不肖，可谓贤哉？'王以告之，虞丘子不知所为，乃避舍露寝，使人迎孙叔敖而进之，遂立为相。夫以一言之智，诸侯不敢窥兵，终霸其国，樊女之力也。《诗》云：'得人者昌，失人者亡。'又曰：'辞之辑矣，民之洽矣。'"

纪德行章第十

大家曰："女子之事夫也，缡笄而朝，则有君臣之严；沃盥馈食，则有父子之敬；报反而行，则有兄弟之道；受期必诚，则有朋友之信；言行无玷，则有理家之度。五者备矣，然后能事夫。居上不骄，为下不乱，在丑不争。居上而骄则殆，为下而乱则辱，在丑而争则乖。三者不除，虽和如琴瑟，犹为不妇也。"

五刑章第十一

大家曰："五刑之属三千，而罪莫大于妒忌。故七出之状，标其首焉。贞顺正直，和柔无妒，理于幽闺，不通于外。目不徇色，耳不留声，耳目之欲，不越其事，盖圣人之教也，汝其行之。《诗》云：'令仪令色，小心翼翼。古训是式，威仪是力。'"

广要道章第十二

大家曰："女子之事舅姑也，竭力而尽礼；奉姊姒也，倾心而罄义。抚诸孤以仁，佐君子以智，与姊姒之言信，对宾侣之容敬。临财廉，取与让，不为苟得。动必有方，贞顺勤劳，勉其荒怠。然后慎言语，省嗜欲。出门必掩蔽其面，夜行以烛，无烛则止。送兄弟不逾于阈。此妇人之要道，汝其念之。"

广守信章第十三

立天之道，曰阴与阳；立地之道，曰柔与刚。阴阳刚柔，天地之始；男女夫妇，人伦之际。故乾坤交泰，谁能间之。妇地夫天，废一不可。然则丈夫百行，妇人一志。男有重婚之义，女无再醮之文，是以"苤苢"兴歌，蔡人作诫。"匪石"为叹，卫主知惭。昔楚昭王出游，留姜氏于渐台，江水暴至，王约迎夫人必以符合，使者仓卒，遂不请行。姜氏曰："妾闻贞女不犯约，勇士不畏其死。妾知不去必死，然无符，不敢犯约。虽行之必生，无信而生，不如守义而死。"会使者还取符，则水高台没矣！其守信也如此，汝其勉之。《易》曰："鹤鸣在阴，其子和之。"

广扬名章第十四

大家曰："女子之事父母也孝，故忠可移于舅姑；事姊妹也义，故顺可移于娣姒；居家理，故理可闻于六亲。是以行成于内，而名立于后世矣。"

谏诤章第十五

诸女曰："若夫廉贞孝义，事姑敬夫扬名，则闻命矣。敢问妇从夫之令，可谓贤乎？"大家曰："是何言欤，是何言欤！昔者周宣王晚朝，姜后脱簪珥待罪于永巷，宣王为之夙兴。汉成帝命班婕妤同辇，婕妤辞曰：'妾闻三代明王，皆有贤臣在侧，不闻与嬖女同乘。'成帝为之改容。楚庄王耽于游畋，樊女乃不食邪味，庄王感焉，为之罢猎。由是观之，天子有诤臣，虽无道，不失其天下；诸侯有诤臣，虽无道，不失其国；大夫有诤臣，虽无道，不失其家；士有诤友，则不离于令名；父有诤子，则不陷于不义；夫有诤妻，则不入于非道。是以卫女矫齐桓公不听淫乐，齐姜遣晋文公而成霸业。故夫非道则谏之，从夫之令，又焉得为贤乎？《诗》云：'猷之未远，是用大谏。'"

胎教章第十六

大家曰："人受五常之理，生而有性习也。感善则善，感恶则恶，虽在胎养，岂无教乎？古者妇人妊子也，寝不侧，坐不边，立不跛。不食邪味，不履左道。割不正不食，席不正不坐。目不视恶色，耳不听靡声，口不出傲言，手不执邪器。夜则诵经书，朝则讲礼乐。其生子也，形容端正，才德过人。其胎教如此。"

母仪章第十七

大家曰："夫为人母者，明其礼也。和之以恩爱，示之以严毅，动而合礼，言必有经。男子六岁，教之数与方名；七岁，男女不同席，不共食；八岁，习之以小学；十岁，从以师焉，出必告，反必面。所游必有常，所习必有业。居不主奥，坐不中席，行不中道，立不中门。不登高，不临深，不苟訾，不苟笑。不有私财，立必正方，耳不倾听。使男女有别，远嫌避疑，不同巾栉。女子七岁教之以四德，其母仪之道如此。皇甫士安叔母有言曰：'孟母三徙以教成人，买肉以教存信。居不卜邻，令汝鲁钝之甚。'《诗》云：'教诲尔子，式穀似之。'"

举恶章第十八

诸女曰："妇道之善，敬闻命矣。小子不敏，愿终身以行之。敢问古者亦有不令之妇乎？"大家曰："夏之兴也以涂山，其灭也以妹喜；殷之兴也以有莘氏，其灭也以妲己；周之兴也以太任，其灭也以褒姒。此三代之王，皆以妇人失天下，身死国亡，而况于诸侯乎！况于卿大夫乎！况于庶人乎！故申生之亡，祸由骊女；愍怀之废，衅起南风。由是观之，妇人起家者有之，祸于家者亦有之。至于陈御叔之妻夏氏，杀三夫，戮一子，弑一君，走两卿，丧一国，盖恶之极也。夫以一女子之身，破六家之产，吁，可畏哉！若行善道，则不及于此矣！"

图书在版编目（ＣＩＰ）数据

孝经图说 / (宋) 佚名绘；陈柱要义. —— 杭州：
浙江人民美术出版社，2016.3
　　ISBN 978-7-5340-4871-5

　　Ⅰ.①孝… Ⅱ.①佚… ②陈… Ⅲ.①家庭道德—中
国—古代②《孝经》—通俗读物 Ⅳ.①B823.1-49

中国版本图书馆CIP数据核字(2016)第067089号

孝经图说

〔宋〕佚名 绘　　陈柱 要义

责任编辑　屈笃仕
封面设计　傅笛扬
责任印制　陈柏荣

出版发行　浙江人民美术出版社
　　　　　（杭州市体育场路347号）
网　　址　http://mss.zjcb.com
经　　销　全国各地新华书店
制　　版　浙江新华图文制作有限公司
印　　刷　浙江海虹彩色印务有限公司
版　　次　2016年3月第1版·第1次印刷
开　　本　787mm×1092mm　1/32
印　　张　4.25
书　　号　ISBN 978-7-5340-4871-5
定　　价　30.00元